虾子糟熘茭白

主料 | 茭白 300g

配料 | 虾子 2g 蜜豆 15g

调料 | 姜 3g 鸡汤 60g
白糖 10g 老抽 1g 盐 3g
糟酒 40g 淀粉 15g

1 茭白去皮后切块

2 起锅倒油，油热后将茭白倒入锅中过油，捞出备用

3 另起油锅，放入虾子煸香

4 姜切丝，放入适量清水浸泡一会儿，弃姜丝，制成姜水；锅中加入姜水、鸡汤、老抽、盐、白糖、糟酒调味，再放入茭白炒匀

5 锅中放淀粉勾芡

6 盛出装盘，加入蜜豆点缀

7 成品

浓汤青萝卜丝煮鱼腐

🥄 **主料** | 青萝卜 1 根　鲮鱼肉 300g

🌀 **配料** | 鸡蛋清 225g　柠檬 1 个

🧂 **调料** | 盐 5g　味精 3g
白糖 3g　泡打粉 2g
冰水 340g　生粉 38g

1 将青萝卜去皮切丝，鲮鱼切丁

2 将盐、味精、白糖、泡打粉、生粉、鸡蛋清、鱼丁一起放入搅拌机，加入冰水打匀，再加入少许柠檬汁，调成糊状即可盛出备用

3 将鱼泥放入三成热油锅，待鱼泥漂起之后继续油炸成金黄色膨胀状鱼腐，捞出备用

4 另外起锅，将青萝卜丝焯水备用

5 锅中放入浓汤、鱼腐、青萝卜丝，一起调味略煮即可

6 装盘

4

脆皮大肠

🥦 主料 | 去油猪大肠 2 根　　⊛ 配料 | 面粉 150g　柠檬 1 个

🧂 调料 | 麦芽糖 30g　白糖 15g　白醋 30g　红曲米 20g　大葱 100g
姜 30g　八角 2 粒　花椒 5g　辣椒 3~5 根　桂皮 5g　香叶 2 片
生抽 15g　花雕酒 20g　番茄沙司 20g　红椒 10g　盐 3g

1 将大肠用面粉和白醋反复清洗揉搓后，焯水备用

2 锅中放入底油，油热后放入大葱、姜煸香，再加入辣椒继续翻炒

3 加入八角、花椒、桂皮、香叶、生抽、花雕酒，倒入热水2L，用红曲米调色后放入大肠

4 将卤好的大肠倒入高压锅焖煮，上气20分钟之后捞出

5 将煮熟后的大肠洗净，用麦芽糖调好的汁水上皮水，风干2个小时

6 制作糖醋汁：锅中放入少量水，加入番茄沙司、白醋、白糖、柠檬汁、盐煮匀后，撒红椒碎

7 风干大肠下油锅炸至外皮酥脆，捞出切件即可

8 装盘，可搭配凤梨片食用，美味加倍

创意甜烧白

🥦 **主料** | 肥五花肉 75g　糯米 180g

🧂 **调料** | 红糖 35g　白糖 30g
猪油 20g　葱段 10g
白酒 20g　姜片 10g

🍊 **配料** | 橙子 60g　黄豆面 15g　莲子 15g　薏米 15g　芝麻馅料 (芝麻 500g
花生 300g　核桃 100g　红糖 400g　面粉 150g　猪大油 300g　白糖 300g) (可等比例减小用量)

1 将葱段、姜片和五花肉煮 40 分钟后，五花肉晾凉切片（第一刀切到皮上，不切断，第二刀切断，如此重复操作）

2 肉片中加入芝麻馅料

3 糯米洗净，加水煮至六成熟，加入红糖、白糖、猪油搅拌均匀

4 碗底刷油，将夹好馅的五花肉摆入碗中

5 在五花肉上依次铺上薏米、莲子和搅拌好的糯米

6 放入蒸锅大火蒸 90 分钟后，在最上层铺上切成扇形的橙子片再蒸 15 分钟

7 翻扣装盘，撒上一层黄豆面

备注：

芝麻馅料制作——芝麻用小火炒香，打成末；花生、核桃用小火炸香至金黄色，打成小颗粒；红糖加少许水熬化，过滤渣子；面粉用小火炒熟至金黄色；猪大油切小块，加水余 1 分钟，用水煮的方法熬制；白糖打成糖粉。最后将所有食材搅拌均匀即可。

8 浇上白酒后点燃，使五花肉表面焦脆

海南椰子炖鸡汤

🥦 主料 | 海南文昌鸡 1 只　　❋ 配料 | 枸杞 5g　桂圆肉 1 粒
　　　海南老椰子 1 颗　　　　　　　红枣 1 粒　椰肉 20g

🧂 调料 | 老姜片 3g　鸡精 2g　白糖 3g　盐 3g　花雕酒 35g

1 将鸡清洗干净后切块备用

2 锅中倒入花雕酒,将切好的鸡块放入锅中焯水,去飞沫后盛出备用

3 椰子开盖,将椰汁倒出过滤后备用

4 椰盅中放入枸杞、老姜片、桂圆肉、红枣、椰肉和焯好的鸡块

5 另起锅烧水,锅中放入椰汁,加鸡精、白糖、盐、花雕酒调味

6 将调好的椰汁倒入椰盅

7 上盖,放入蒸箱蒸制4~6个小时

8 盘中放上熊猫竹点缀

梅子酱焖猪手

🌰 主料 | 猪手 1kg　　　⚙ 配料 | 生姜 50g　红曲米 20g

🧴 调料 | 冰花梅酱 1 瓶　海鲜酱 50g　柱侯酱 100g　磨豉酱 30g
糖色 40g　蚝油 15g　鸡粉 10g　生粉 30g　花雕酒 50g　生抽 15g

1 用喷枪将猪手表面的毛烧干净

2 用刷子将猪手清洗干净

3 将洗好的猪手切好，放入锅内，倒入花雕酒，焯水去沫后捞出，控水备用

4 将猪手用少许生粉、生抽捞拌一下，油锅达到六至七成热后，先放入姜片炸至金黄色后捞出备用，再将猪手放入锅中炸至表皮金黄捞出

5 锅中留底油，煸香炸过的姜片，再放入海鲜酱、柱侯酱、磨豉酱与猪手炒香，最后放入冰花梅酱翻炒

6 锅中放入适量热水，煮开后加入红曲米、糖色调色，根据个人口味可再加入适量蚝油、鸡粉调味，然后倒入高压锅焖煮1个小时

7 盛出后放入炒锅，大火收汁

8 装盘

帝王蟹肉鱼子酱塔

🥦 主料 | 帝王蟹 1 只　鱼子酱 10g　　🧂 调料 | 蛋黄酱 20g　盐 2g

🍊 配料 | 白椰菜 200g　鲜奶 250g　鸡蛋 200g　鸡汤 200g

 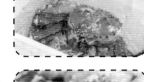

1 将帝王蟹清蒸后，放入冰水冷却，拆蟹肉

2 帝王蟹壳与鸡汤入锅，加少许盐调味，熬制高汤

3 将蟹清汤控出，装入盘中，放入冰箱，冷却40分钟成冻

4 从冰箱中取出冷却成冻的蟹清汤底，将圆柱型模具放在蟹清汤底上，碎蟹肉放入模具定型

5 将蒸好的鸡蛋的蛋白、蛋黄分离，用擦刀分别擦成蛋白碎和蛋黄碎，加入蛋黄酱调匀；在蟹肉塔表面依次摆好昏成橄榄形状的蛋白碎、蛋黄碎和鱼子酱

6 白椰菜用鲜奶煮软后，打成泥，点缀装盘

7 成品

酸梅酱配烧鹅

🥦 主料 | 烧鹅 1 只　　⊛ 配料 | 咸水酸梅 10 粒　黄桃酱 250g

🧂 调料 | 蜂蜜 50g　冰糖 30g　姜丝 5g　白醋 30g

1 锅中倒入姜丝、黄桃酱、冰糖、白醋、蜂蜜，最后放入咸水
  酸梅，加水熬制酸梅酱

2 熬至半透明状盛出，放凉
  备用

3 准备一只烤好的烧鹅

4 把烧鹅针拔出来，将烧鹅肚
  子内烤出来的汁水放出，
  烧鹅汁留存备用

5 将烧鹅切件装盘

6 最后淋上烧鹅汁

7 搭配酸梅酱味道更佳

帝王蟹肉沙拉

🦐 **主料** | 帝王蟹 1 只

🧂 **调料** | 海盐 2g 橄榄油 10g

🧴 **搭配酱汁**
鸡尾酒汁: 隐汁 3g 蛋黄酱 50g 番茄沙司 20g 柠檬半个 辣椒调味汁 5g
黑胡椒碎 1g

⊛ **配料** | 芝麻菜 50g 开心果碎 30g
牛油果冰激凌 50g 牛油果 1 个
虾片 2 片

1 将帝王蟹清蒸后，放入冰水冷却拆肉，蟹腿肉控水备用

2 牛油果切片垫底，撒上开心果碎

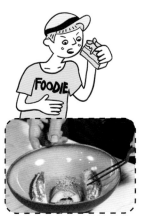

3 在牛油果片左右两边摆上蟹腿肉，在蟹腿肉上挤上鸡尾酒汁，放入用橄榄油及海盐拌过的芝麻菜摆盘

4 将舀成橄榄形状的牛油果冰激凌放在牛油果片上，再撒上开心果碎

5 放上炸好的虾片做点缀

6 成品

锦鸡蚝

🥦 **主料** | 法国黄鸡 1 只　吉拉多生蚝 1 只　　🧂 **调料** | 海盐 15g　黑胡椒粒 3g　黑胡椒粉 3g

🌸 **配料** | 鲜奶油 200g　黄油 50g　新鲜罗勒花 1 朵　新鲜罗勒叶 1 片　洋葱 100g
　　　胡萝卜 80g　芹菜 60g　大葱 30g　香叶 2 片　新鲜百里香 5g

🥛 **搭配酱汁**
　　法国黄葡萄酒浓缩汁：法国黄葡萄酒 200ml　香叶 2 片　新鲜百里香 5g
　　黑胡椒粒 3g　法国小干葱 10g
　　罗勒酱：新鲜罗勒叶 500g　新鲜哥瑞纳帕达诺奶酪 150g　特级初榨橄榄油 800ml
　　去皮松仁 50g　去皮大蒜 30g　海盐 15g　黑胡椒粉 5g

1 将法国黄鸡改刀，保留带鸡腿部分的鸡架

2 将鸡架部分和洋葱、胡萝卜、芹菜段、大葱段、香叶、新鲜百里香、黑胡椒粒放入180℃的烤箱烤40~50分钟

3 烤好后放入锅中，炖煮12个小时以上，制成鸡汤

4 将带鸡腿部分的鸡架用海盐、黑胡椒粉、黄油、新鲜百里香腌制，真空塑封，放入80℃的低温机，静置40分钟

5 将法国黄葡萄酒、黑胡椒粒、新鲜百里香、香叶和法国小干葱碎混合在锅中，小火煮掉一半，制成法国黄葡萄酒浓缩汁，过滤待用

6 将新鲜罗勒叶、新鲜哥瑞纳帕达诺奶酪、特级初榨橄榄油、去皮松仁、去皮大蒜、海盐、黑胡椒粉放入料理机中混合打碎，制成罗勒酱

7 鸡腿部分烤好之后，趁热将锦鸡蚝部分取出

8 撬开生蚝，保留里面的蚝水

9 将生蚝和锦鸡蚝放入少许鸡汤和生蚝汤中，烫一下，盛出备用

10 留下的鸡汤加入少许法国黄葡萄酒浓缩汁、鲜奶油煮稠，最后加入少许罗勒酱调成罗勒奶油汁

11 将罗勒奶油汁倒入汤盘，放上两块锦鸡蚝和一只生蚝，装饰罗勒花、罗勒叶即可

备注：
锦鸡蚝位于鸡脊骨和上腿之间的中空骨缝之中，用勺子挖取即可。

蛃蜞豆腐

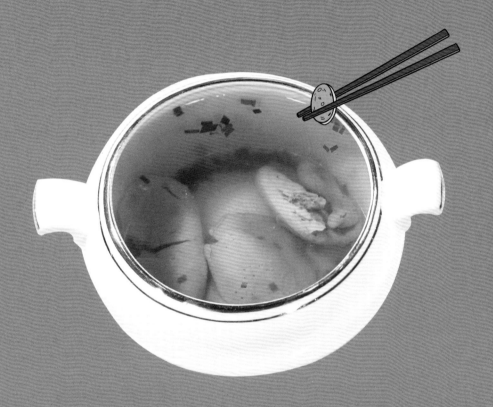

🍄 主料 | 蛃蜞 500g

🍊 配料 | 清鸡汤 500g
春韭碎 50g 虫草花 5g

🧂 调料 | 盐 3g 姜 10g
广东小葱 15g

1 将蟛蜞洗净控水

2 将蟛蜞放入石臼中，加少许葱、姜、盐，舂成蟹泥

3 用纱布过滤，挤出汁水放入碗中，将蟹汁放入冰箱冷藏，或者置于冰水混合物上方降低温度

4 锅中放入鸡汤烧开，再将蟛蜞碎壳放入，小火吊汤

5 将蟛蜞汁倒入过滤后的清汤，小火定型，再放入虫草花

6 装盘，撒入春韭碎即可

7 成品

九层塔珍菌爆鹅肝

🍄 主料 | 鹅肝 100g 蟹味菇 100g
白玉菇 100g 茶树菇 100g

🧪 搭配酱汁 | 生抽 10g 蜂蜜 5g
砂糖 3g 日式烧汁 30g

⚙ 配料 | 九层塔 50g 面粉 200g 树莓汁 25g 柠檬半个

1 将白玉菇、茶树菇、蟹味菇切好备用

2 将鹅肝切粒，裹面粉后入油锅炸至金黄色

3 将切好的蘑菇放入油锅炸至金黄色，捞出控油

4 用调好的酱汁（生抽＋蜂蜜＋砂糖＋柠檬汁＋日式烧汁）爆香蘑菇

5 放入炸好的鹅肝粒，用酱汁兜匀

6 将炒好的菌菇段和鹅肝粒用模具定型

7 装盘后撒上烘干的九层塔碎，珍菌鹅肝塔外侧用树莓汁点缀装饰即可

鹅油炒饭

🦐 **主料** | 鹅油 30g（生鹅油、葱、姜、香菜、干葱炼制）
米饭 300g

⚙️ **调料** | 盐 5g 鸡粉 5g
自制酱油（生抽 10g+ 鸡饭老
抽 5g） 广东小葱 50g

🌼 **配料** | 鹅油渣（炼鹅油剩余的鹅油渣） 鸡蛋 3 个
炸好的瑶柱碎 20g

1 将小葱切碎

2 将鸡蛋打匀备用

3 锅中放入鹅油，将打好的鸡蛋倒入锅内炒散

4 放入蒸好的米饭炒匀炒散后，加入鹅油渣

5 加入盐、鸡粉和自制酱油调味

6 炒匀后放入葱花，盛出

7 撒上炸好的金黄色的瑶柱碎装饰，丰富口感

苏州三虾面

🦐 **主料** | 太湖青虾仁 100g
面条 75g 虾脑 5g 虾子 2g

🧂 **调料** | 盐 2g 料酒 3g
淀粉 10g 虾子酱油 15g
色拉油 20g 小香葱 5g

🍋 **配料** | 鸡蛋清 5g

1 将虾仁洗净，沾干水，放入盐、料酒、鸡蛋清、淀粉抓匀上浆备用

2 锅中倒入色拉油，将虾仁倒入锅中滑油，盛出备用

3 另起锅倒入色拉油，放入小香葱、虾脑、虾子煸炒，烹料酒，倒入清水

4 锅中放入虾仁、盐炒匀后，放入淀粉勾薄芡翻炒

5 另起锅烧水，水开后放入面条，煮熟后捞出备用

6 碗中倒入虾子酱油，再放入煮好的面

7 表面铺上虾料

8 成品

28

沙茶火锅

🥦 **主料** | 猪肚 200g 猪心 200g
猪腰 150g 大肠 150g 罗汉肉 200g
鸭血 150g 米血糕 150g
活海虾 200g 大骨汤 2.5L

🍱 **配料** | 豆芽 150g 白萝卜 200g
卤水豆腐 150g

🧂 **调料** | 沙茶配料 200g 花生酱 200g 虾膏 30g 虾酱 30g 椰奶粉 50g
虾油 30g 蚝油 20g 冰糖 50g 鸡粉 10g 蒜泥 20g 葱 100g 姜 30g
盐 10g 香菜 10g

1 锅中倒油，放入沙茶配料、花生酱、虾酱、虾膏、椰奶粉炒香，加入虾油、蚝油、鸡粉、蒜泥调味

2 将冰糖和炒制好的配料放入大骨汤，用细网筛过滤配料，在汤中熬煮至完全融合，制成沙茶汤

3 分别将猪肚、猪腰、猪心、大肠洗净，并加入葱、姜、盐焯水至半熟去腥，冰镇备用

4 将虾和豆芽焯水，虾冰镇备用

5 分别将猪心、大肠、罗汉肉、鸭血、米血糕切片备用

6 将切好的卤水豆腐放入油锅炸至金黄色

7 将白萝卜块焯好备用

8 锅底垫上豆芽、豆腐、白萝卜块

9 将所有食材依次放入锅中码好

10 浇上调好的沙茶汤，搭配葱花、香菜、蒜泥更加美味